Mo Yanik

Die Zahlbereichserweiterung zu den Rationalen Zahlen

Erläuterung, Beweise und Herleitung

GRIN Verlag

Bibliografische Information der Deutschen Nationalbibliothek:

Die Deutsche Bibliothek verzeichnet diese Publikation in der Deutschen National-
bibliografie; detaillierte bibliografische Daten sind im Internet über http://dnb.d-
nb.de/ abrufbar.

Impressum:

Copyright © 2011 GRIN Verlag GmbH
Druck und Bindung: Books on Demand GmbH, Norderstedt Germany
ISBN: 978-3-656-03169-7

Dieses Buch bei GRIN:

http://www.grin.com/de/e-book/179930/die-zahlbereichserweiterung-zu-den-
rationalen-zahlen

GRIN - Your knowledge has value

Der GRIN Verlag publiziert seit 1998 wissenschaftliche Arbeiten von Studenten, Hochschullehrern und anderen Akademikern als eBook und gedrucktes Buch. Die Verlagswebsite www.grin.com ist die ideale Plattform zur Veröffentlichung von Hausarbeiten, Abschlussarbeiten, wissenschaftlichen Aufsätzen, Dissertationen und Fachbüchern.

Besuchen Sie uns im Internet:

http://www.grin.com/

http://www.facebook.com/grincom

http://www.twitter.com/grin_com

Universität Bremen

Fachbereich 03: Mathematik/Informatik

Rationale Zahlen

Name der Veranstaltung: Vertieft Elementarmathematik betreiben I

Eingereicht von:

Datum: 27.06.2011

Name: Muhammet Yanik

Semester: 4

Inhaltsverzeichnis

Grundlegendes zu den rationalen Zahlen

Die ganzen Zahlen haben die Eigenschaft, dass jede Additionsgleichung mit Koeffizienten aus $\mathbb{Z}$ lösbar ist. Bei der Definition der rationalen Zahlen geht es nun darum, eine Entsprechung für Multiplikationsgleichungen zu finden. Nachfolgend wollen wir in die rationalen Zahlen einführen und den Umgang mit diesen deutlich machen. Wir halten uns dabei stark an REISS/SCHMIEDER (2007) und verweisen auf deren Publikation. In vorangegangenen Kapiteln bzw. Vorlesungen wurden die natürlichen Zahlen aus den Peano-Axiomen entwickelt und die ganzen Zahlen als Äquivalenzklassen von Paaren natürlicher Zahlen hergeleitet. Durch eine ganz ähnliche Überlegung wird man nun die rationalen Zahlen auf der Grundlage der ganzen Zahlen bekommen.

Es sei noch einmal daran erinnert, dass die ganzen Zahlen aus den natürlichen Zahlen hergeleitet wurden, indem zunächst Gleichungen der Form $a = b + x$ mit $a, b \in \mathbb{N}$ betrachtet wurden. Die Gleichungen $a_1 = b_1 + x$ und $a_2 = b_2 + x$ (mit $a_1, a_2, b_1, b_2 \in \mathbb{N}$) wurden als gleichwertig (äquivalent) bezeichnet, wenn sie dieselbe Lösung $x \in \mathbb{Z}$ hatten. Selbstverständlich durfte man erst nach der Einführung von $\mathbb{Z}$ von einer solchen ganzzahligen Lösung x sprechen. Man kann analog zu den ganzen Zahlen nun auch die multiplikative Gleichung $a = b \cdot x$ betrachten, wobei a und b ganze Zahlen bezeichnen. Es ist offenbar vernünftig, $b \neq 0$ anzunehmen, denn für $b = 0$ kann diese Gleichung ohnehin entweder nicht lösbar sein (für $a \neq 0$), oder aber sie ist nicht eindeutig lösbar (wenn auch $a = 0$ ist, so ist jede ganze Zahl eine Lösung).

Von den angestrebten "Lösungen" x im Fall $b \neq 0$ und $a = 0$ wird natürlich erwartet, dass sie unter Anderem das Distributivgesetz erfüllen. Aus diesem Gesetz und dem (auch für die zu definierenden rationalen Zahlen wünschenswerten) nach eindeutiger Lösbarkeit von Gleichungen ergibt sich, dass die Multiplikation mit 0 immer das Ergebnis 0 haben muss. Aus $x \cdot 0 + x \cdot 0 = x \cdot (0 + 0) = x \cdot 0$ folgt $x \cdot 0 = 0$.

Um zur eigentlichen Definition der rationalen Zahlen zu kommen, wird wieder die schon beim Erzeugen der ganzen Zahlen verwendete Methode benutzt, die zu beschreibenden Objekte (also die rationalen Zahlen) mit Gleichungen (diesmal des Typs

$a = b \cdot x$) zu identifizieren. Dabei sollen entsprechend Gleichungen als äquivalent angesehen werden, die (später einmal, wenn die rationalen Zahlen zur Verfügung stehen) für ein und dasselbe x erfüllt sind. Die Gleichungen $3 = 4x$ und $6 = 8x$ und $24 = 32x$ werden vernünftigerweise äquivalent sein. Zu sagen, wann ganz genau Gleichungen äquivalent sind, muss allerdings ein wesentlicher Bestandteil der anstehenden Definition sein.[1] Ebenso bringt es nicht weiter, sich die rationalen Zahlen als die "Brüche" $\frac{a}{b}$ mit $a, b \in \mathbb{Z}$, $b \neq 0$ klarmachen zu wollen, es sei denn, man verbindet mit diesem Begriff nichts anderes als die Paare (a,b). Dann müsste man allerdings noch (a,b) und beispielsweise $(5a, 5b)$ als äquivalent identifizieren und danach die Rechenoperationen für diese Paare erklären. Es läuft alles darauf hinaus, die Gleichung $c = d \cdot x$ mit $c, d \in \mathbb{Z}$, $d \neq 0$ als gleichbedeutend (äquivalent) mit $a = b \cdot x$ einzustufen, falls $ad = bc$ gilt.[2]

Man beachte, dass die dort definierte Äquivalenzrelation nicht dieselbe ist wie die in Kapitel 6 definierte Relation zur Einführung der ganzen Zahlen. Diese Relation dient ja auch einem ganz anderen Ziel. Man möchte im Ergebnis so etwas wie gleich große Brüche beschreiben, also wissen, wann (a,b) und (c,d) derselben Zahl entsprechen, also $(a,b) \sim (c,d)$ sind. Die für Lösungen aus $\mathbb{Z}$ gefundene Setzung für $\sim$ wird dann auf alle (a,b), $(c,d) \in \mathbb{Z} \times (\mathbb{Z} \setminus \{0\})$ übertragen.

---

[1] Dazu sei angemerkt: „Es wäre nun nicht in Ordnung, an dieser Stelle eine rationale Zahl als das Ergebnis der Division einer ganzen mit einer natürlichen Zahl zu erklären, da eben diese Division in den vorangegangenen Kapiteln nicht eingeführt wurde.", REISS/SCHMIEDER (2007), S. 300.

[2] Das lässt sich begründen, wenn man sich auf $x \in \mathbb{Z}$ beschränkt.

Äquivalenzrelation: Beweise

Satz 1

Auf der Menge $\mathbb{Z} \times \left(\mathbb{Z} \setminus \{0\}\right) = \left\{(z_1, z_2) \mid z_1 \in \mathbb{Z}, z_2 \in \mathbb{Z} \setminus \{0\}\right\}$ ist durch

$(a,b) \sim (c,d) :\Leftrightarrow ad = bc$ eine Äquivalenzrelation definiert.

Beweis 1

Es ist nachzuweisen, dass diese Relation auf $\mathbb{Z} \times \left(\mathbb{Z} \setminus \{0\}\right)$, $b \neq 0$ reflexiv, symmetrisch und transitiv ist.

Die Äquivalenz $(a,b) \sim (a,b)$ bedeutet $ab = ba$, was für alle $a, b \in \mathbb{Z}$ mit $b \neq 0$ richtig ist. Also ist die Reflexivität erfüllt.

Die Symmetrie einer zweistelligen Relation R auf einer Menge ist gegeben, wenn aus $x \sim y$ stets $y \sim x$ folgt. Man nennt R dann symmetrisch. In unserem Fall ist zu zeigen, dass $(a,b) \sim (c,d) \Rightarrow (c,d) \sim (a,b)$ für alle (a,b), $(c,d) \in \mathbb{Z} \times (\mathbb{Z} \setminus \{0\})$ gilt. Die Aussage $(c,d) \sim (a,b)$ heißt also nichts anderes als $cb = da \Leftrightarrow ad = bc$, also zu $(a,b) \sim (c,d)$. Damit ist die Symmetrie gegeben.

Die Transitivität einer zweistelligen Relation R auf einer Menge ist gegeben, wenn aus $x R y$ und $y R z$ stets $x R z$ folgt. Man nennt R dann transitiv. Schließlich gilt mit $ad = bc$ und $cf = de$ auch $adf = bcf$ und $bcf = bde$, also ist $adf = bde$. Dann ist $(af - be) \cdot d = 0$. Da $d \neq 0$ vorausgesetzt ist, folgt $af - be = 0$ und damit $af = be$. Also ist auch die Transitivität gezeigt.

Dazu ein Beispiel

Bezüglich der Relation $\sim$ ist $(-1, 2)$ äquivalent zu $(1, -2)$, $(-2, 4)$, $(3, -6)$, allgemein zu $(-n, 2n)$, wenn n eine ganze Zahl ungleich 0 ist. Es stimmt jedoch nicht, dass die Paare (a,b) und (c,d) genau dann äquivalent sind, wenn ein $n \in \mathbb{Z}$ existiert mit $(na, nb) = (c,d)$. So ist zwar $(3, -6)$ zu $(-1, 2)$ äquivalent, aber einen Faktor $n \in \mathbb{Z}$ mit $(3n, -6n) = (-1, 2)$ gibt es nicht, außer wenn der ggT $(c,d) = 1$ ist.

Zu einer Äquivalenzrelation gehören Äquivalenzklassen, und sie spielen genau wie bei der Einführung der ganzen Zahlen auch hier die wesentliche Rolle.

Definition der rationalen Zahlen

Die Menge $\mathbb{Q}$ der rationalen Zahlen ist die Gesamtheit der Äquivalenzklassen im Sinne von Satz 1. Es ist somit die **Definition 1**:

$$\mathbb{Q} := \left\{ [(a,b)] \mid (a,b) \in \mathbb{Z} \times \mathbb{Z}^* \right\}$$

mit

$$[(a,b)] = \left\{ (c,d) \in \mathbb{Z} \times \mathbb{Z}^* \mid (a,b) \sim (c,d) \right\} = \left\{ (c,d) \in \mathbb{Z} \times \mathbb{Z}^* \mid ad = bc \right\}$$

für die Paare $(a,b) \in \mathbb{Z} \times \mathbb{Z}^*$.

Veranschaulichung als Äquivalenzklassen

Die Paare $(a,b) \in \mathbb{Z} \times \mathbb{Z}^*$ lassen sich als Gitterpunkte in der Ebene darstellen. Die Äquivalenzklasse $[(a,b)]$ des Paares (a,b) mit $b \neq 0$ und ggT $(a,b)=1$ ist dann die Gesamtheit der Paare (na, nb) für $n \in \mathbb{Z}^*$, also derjenigen Gitterpunkte mit Ausnahme von $(0,0)$, die auf der Verbindungsgeraden von (a,b) und $(0,0)$ liegen. Zum Beispiel besteht $[(1,-2)]$ aus den Paaren $(n,-2n)$ mit $n \in \mathbb{Z}^*$.

Ist $k=\text{ggT}(a,b) \neq 1$, so gibt es teilerfremde ganze Zahlen a_1, b_1 mit $a = a_1 k$, $b = b_1 k$, und damit gilt $(a,b) \in [(a_1,b_1)]$. Die Klasse $[(a_1,b_1)]$ bestimmt sich also, wie es eben beschrieben wurde. Es ist $[(3,-6)] = [(-1,2)] = \{(n,-2n) \mid n \in \mathbb{Z}^*\}$, um ein Beispiel zu nennen. Die ganze Zahl m erscheint in diesem Modell als die Menge der Gitterpunkte $(a,b) \neq (0,0)$ auf der $(0,0)$ mit $(m,1)$ verbindenden Geraden. Auf der Menge $\mathbb{Q}$ sollen (natürlich!) eine Addition und eine Multiplikation eingeführt werden.

Definition der Addition und Multiplikation

Definition 1.2:

Für $[(a,b)], [(c,d)] \in \mathbb{Q}$ sei durch

$$[(a,b)] \oplus [(c,d)] := [(ad+bc, bd)] \text{ eine Addition}$$

und durch

$$[(a,b)] \odot [(c,d)] := [(ac, bd)] \text{ eine Multiplikation definiert.}$$

Die Definition der Addition und Multiplikation von Äquivalenzklassen greift auf deren Elemente (Repräsentanten) $(a,b), (c,d)$ zurück. Das ergibt nur einen Sinn, wenn die so erhaltene Summe bzw. das Produkt nicht von der (willkürlichen) Wahl der Paare abhängt. Die Operationen sollen also *wohldefiniert* sein.

Satz 1.2 (Wohldefiniertheit)

Die in Definition 1.2 auf der Menge $\mathbb{Q}$ eingeführten Operationen sind wohldefiniert. Für $(a,b), (a',b'), (c,d), (c',d') \in \mathbb{Z} \times \mathbb{Z}^*$ mit $(a,b) \sim (a',b')$ und $(c,d) \sim (c',d')$ gilt also

    (i) $(ad+bc, bd) \sim (a'd'+b'c', b'd')$ und
    (ii) $(ac, bd) \sim (a'c', b'd')$.

Beweis 1.2

Die Voraussetzung besagt $ab' = a'b$ und $cd' = c'd$. Also ist $(ad+bc)b'd' = adb'd' + bcb'd' = ab'dd' + cd'bb' = a'bdd' + c'dbb' = (a'd'+b'c')bd$, woraus (i) folgt. Man rechnet außerdem $acb'd' = ab'cd' = a'bc'd = a'c'bd$ und hat damit (ii) gezeigt.

Darüber hinaus haben die definierten Rechenoperationen allerhand gute Eigenschaften, die in den folgenden beiden Sätzen zusammengefasst werden. Natürlich sind es immer wieder die ordnenden Eigenschaften, die man von den natürlichen (und ganzen) Zahlen kennt bzw. zu schätzen wüsste, wenn sie erfüllt wären (zum Beispiel Kommutativität, Assoziativität, Existenz neutraler Elemente, Invertierbarkeit).

Rechenregeln: Beweise

Satz 1.3 (Rechenoperationen)

Die in Definition 1.2 erklärten Rechenoperationen sind kommutativ und assoziativ. Es gilt also für $[(a,b)], [(c,d)], [(e,f)] \in \mathbb{Q}$

$$[(a,b)] \oplus [(c,d)] = [(c,d)] \oplus [(a,b)]$$
$$[(a,b)] \odot [(c,d)] = [(c,d)] \odot [(a,b)]$$

und

$$[(a,b)] \oplus \big([(c,d)] \oplus [(e,f)]\big) = \big([(a,b)] \oplus [(c,d)]\big) \oplus [(e,f)],$$
$$[(a,b)] \odot \big([(c,d)] \odot [(e,f)]\big) = \big([(a,b)] \odot [(c,d)]\big) \odot [(e,f)].$$

Satz 1.4

Für alle Paare $(a,b) \in \mathbb{Z} \times \mathbb{Z}^*$ sind die folgenden Rechenregeln erfüllt.

1. Es ist $[(a,b)] \oplus [(0,1)] = [(a,b)]$.
2. Es ist $[(a,b)] \oplus [(-a,b)] = [(0,1)]$.
3. Es ist $[(a,b)] \odot [(1,1)] = [(a,b)]$.
4. Es ist $[(a,b)] \odot [(b,a)] = [(1,1)]$, falls zusätzlich $a \neq 0$ ist.

Beweis 1.4

Die Regeln (1) und (3) rechnet man direkt nach. Regel (2) folgt aus $[(a,b)] \oplus [(-a,b)] = [(ab-ab, b^2)]$ und $(0,b^2) \sim (0,1)$, denn $0 \cdot 1 = b^2 \cdot 0 = 0$. Regel (4) folgt aus $[(a,b)] \odot [(b,a)] = [(ab,ab)]$ und $(ab,ab) \sim (1,1)$.

Die rationale Zahl $[(0,1)]$ ist also neutrales Element bezüglich der Addition, und $[(1,1)]$ ist neutrales Element bezüglich der Multiplikation. Die Elemente verhalten sich damit wie die Elemente 0 bzw. 1 in $\mathbb{Z}$. Dabei ist $[(0,1)]$ dasselbe wie $[(0,2)]$ oder $[(0,3)]$ oder $[(0,27)]$, und $(1,1)$ ist äquivalent zu $(2,2)$ oder zu $(3,3)$ oder zu $(17,17)$.

Sollte man Zweifel daran haben, so mache man sich klar, dass alle Überlegungen auf bekannte Zusammenhänge hinauslaufen müssen.

Was sind nun die konkreten Unterschiede zwischen $\mathbb{Z}$ und $\mathbb{Q}$? Die Äquivalenzklasse $[(-a,b)]$ ist additiv invers zu $[(a,b)]$, wie die ganze Zahl $-m$ zu m. Ein multiplikativ inverses Element $[(b,a)]$ zu $[(a,b)]$ wie in (4) existiert in $\mathbb{Z}$ dagegen nur zu zwei Zahlen, nämlich zu 1 und zu -1. In $\mathbb{Q}$ ist das für alle Äquivalenzklassen der Fall, die ungleich $[(0,1)]$ sind, also für alle Klassen $[(a,b)]$ mit $a,b \neq 0$.

Literaturverzeichnis

EBBINGHAUS, H-D. (1992³): „Zahlen.", Springer-Verlag, Berlin/Heidelberg.

EVERS, K. (2009): „Konstruktion der Zahlbereiche", ständig als PDF-Dokument abrufbar unter http://mathekarsten.npage.de (letzter Abruf 19.05.2011).

REISS, K. / SCHMIEDER, G. (2007): „Basiswissen Zahlentheorie. Eine Einführung in Zahlen und Zahlbereiche.", Springer-Verlag, Berlin/Heidelberg.